我要养只小宠物

迷你兔

［德］克劳迪娅·托尔　伊尔卡·索科洛夫斯基　　　著
［德］帕特里克·韦尔伯莱特　弗劳卡·韦尔伯莱特　绘
荆　妮　翻译
王　宏　审译

U0351618

科学普及出版社
·北京·

前　言

致亲爱的家长！

"我要养一只小动物！"每个孩子都可能在任何时候产生这样的愿望。与小动物一起成长，对孩子来说也是非常奇妙的体验。

但是没有哪个孩子可以事先就明白，养小动物对于他来说意味着什么。这不是几天或几周的事，而是要持续动物的整个生命周期，不论是像仓鼠一样只有 2 ~ 3 年，还是像家猫一样长达 18 ~ 20 年。如何照料和看护小动物，遵循动物的习性正确地、周到细致地与它们打交道，孩子们必须在您的帮助下来学习这些知识。通过学习他们会认识到责任、尊重、耐心和呵护对动物来说意味着什么。

您在决定养迷你兔之前需要考虑到这些：

迷你兔不可以形只影单，它必须至少和另外一只同类一起生活。它们喜欢四处蹦跳，需要足够的空间。一个放在房间里的小笼子是无法满足迷你兔的需求的！

迷你兔是一种性情温和的动物。如果你不是只把它当作一件玩具，抚摸几下就抛弃，而是充满爱心地照料它，它就会十分亲近和信任你。

如果您充分考虑到这些，那么为两到三只迷你兔提供一个符合它们生活习性的家，就一点不成问题了。您的整个家庭对这些新成员的需求和喜好了解得越多，共同生活的欢乐也就越多。我们希望，这本书能帮助人们和兔子友好相处。

愿您的迷你兔给您给您和您的孩子

带来更多的快乐！

克劳迪娅·托尔和伊尔卡·索科洛夫斯基

目　录

大兔子，小兔子

来自温暖地带

野生穴兔最早生活在西班牙，如今已经遍布全球。家兔和迷你兔都起源于野生的穴兔，它们的行为方式基本上和野生穴兔完全一样。

穴兔和野兔

穴兔和野兔都属于兔科动物。野生穴兔的体重一般不超过 2 公斤，身长最多 50 厘米。而欧洲野兔可以重达 6 公斤，身长超过 70 厘米。野兔的腿和耳朵都比穴兔长一些。欧洲野兔从未被驯化为家养动物。所有家兔或迷你兔，都属于穴兔。

90 个品种

在古罗马和中世纪，野生穴兔也曾被人当作家畜来饲养。这些兔子只是半驯化的，经过多代繁育以后才成为家兔，如今已有大约 90 个品种。最初的灰褐色小动物，已经繁衍出各种大大小小的短毛、卷毛或长毛兔，皮毛的颜色大约有 400 多种，从白色、银白色、锈红色到杂色、黑色不等。耳朵向下耷拉的家兔被称为垂耳兔。

迷你兔和家兔

迷你兔是由最小的家兔——只有 1.5 公斤重、20 厘米长的纯白色银貂兔和不同种类的大型纯种家兔杂交而来。因此有时会有这样的情况发生：迷你兔在生长过程中不能保持娇小的体型，而是表现出大型祖先的特征。

从哪里可以得到迷你兔？

首先你要知道的是：迷你兔不能单独饲养，也不能和豚鼠养在一起，这两种动物没有同类陪伴的话都会变得萎靡不振。最好同时养一只雄兔和两只雌兔，雄兔须做过绝育手术。

在动物收容保护中心，有许多迷你兔正等待着一个新家。这些兔子都经过了医疗检查，雄兔通常已经做过绝育。你也可以从宠物商店购买兔子。不过你在购买时必须注意查看该处的环境，并像体检一样仔细检视兔子是否健康。

可以出售的兔子至少要九周大。因为小兔需要一段时间来学习正常的行为方式。

- ●毛发：浓密，略有光泽，没有斑秃
- ●皮肤：清洁干燥，没有斑秃和结痂（建议：检查的时候可以向兔毛吹气）
- ●腹部：不鼓不硬，呈均匀的圆形，没有脂肪堆积
- ●肛门：清洁干燥，没有粪便痕迹
- ●头：向前伸直
- ●活动状态：很活跃，蹦蹦跳跳，身形灵活
- ●吃东西和咀嚼：胃口很好，咀嚼食物的动作很均匀

检查：这样的迷你兔才健康

- ●眼睛：睁开，有光泽
- ●耳朵：清洁干燥，转动灵活
- ●鼻子：干净，不停翕动
- ●嘴和唇裂：柔软干燥
- ●牙齿：生长整齐，没有断牙

旅行箱

你需要准备一个旅行箱，把兔子们带回家。旅行箱必须足够大，可以容纳两到三只兔子，即使在它们长大以后也不会觉得拥挤，并且还要有一个可以安全关上的盖子或栅栏门。

迷你兔的感官

耳朵好似声音接收器

一只健康活泼的兔子具备这样的特征：它在听到声音时，耳朵会立刻向声音传来的方向转动。只有耳朵向下耷拉的垂耳兔无法转动耳朵。兔子能很好地分辨声音，当你吹口哨的时候，或是向它走过去的时候，它马上就能听出来。

翕动的鼻子

兔子有着特点鲜明的嗅觉器官，它的鼻子总是在不停翕动。特别是在受到刺激或是嗅到什么气息的情况下，它的小鼻孔会明显张大，这叫作鼻扇。

纤细的触须

迷你兔的鼻子两侧和眼睛旁边有纤细的触须。这些触须非常敏感，当碰到障碍物的时候，会通过神经纤维向大脑传递信号。兔子在黑暗的地道里就是这样认路的。

360度全景视野

兔子的眼睛位于头的两侧，这样它的视野基本上可以达到360度。想悄悄接近它几乎不可能。但是兔子看不清放在它眼前的东西，也不能分辨颜色。作为夜行动物，兔子在昏暗的光线下也能看得很清楚。此外，兔子的瞳孔基本不能收缩，因此绝不能把它们放在强烈的阳光或是人工光源下。

兔子的个性特征

常有争斗的群体

野生穴兔通常按照等级秩序群居生活，而群体中总有好相处或是不好相处的个体。迷你兔也一样。即便你的兔子们能够和睦相处，有时也难免会发生争斗。为了让它们发生争斗的时候可以彼此分开，一个带隐蔽所的大笼子是非常必要的。

张牙舞爪的小家伙

如果兔子感到不满了，就会表现出愤怒的样子。它们会伸出前爪狠狠地抓人，发出威胁的低吼，甚至还会咬人。不过，如果你始终温柔友好地对待它们，这种情况就基本不会出现。

黑暗中的生活

与夜行生活的野生穴兔一样，迷你兔通常也只在黎明和黄昏时分活动。此时，它们睡醒了，开始玩耍，很快它们就想要吃东西了。

钻进地洞

野生穴兔在遇到危险时会迅速钻进地洞。这种深入地下由许多地道组成的洞穴有多个出口。迷你兔在遇到危险时也会迅速寻找一个安全的避难所。即使它们没有地洞，也会拼命挖掘，就像野生穴兔一样！（见13页）

测试：我适合养迷你兔吗？

- 我非常喜欢观察动物的行为。（A）
- 我喜欢和动物玩耍嬉戏。（B）
- 我希望我的宠物总是陪在我身边。（B）
- 我的房间有足够大的地方，可以放下一个很大的笼子。（A）
- 我家有花园，可以在里面建一个围栏。（A）
- 我的兴趣爱好非常广泛并且经常不在家。（B）
- 我每天至少有一个小时的时间照料动物。（A）
- 我非常有耐心，可以长时间专注于一件事。（A）

- 我有许多朋友，经常有许多事要做。（B）
- 我会非常小心地跟小动物打交道。（A）
- 我喜欢听吵闹的音乐。（B）
- 我最喜欢玩电脑游戏。（B）
- 我不能忍受污渍，经常打扫卫生会让我很烦。（B）
- 我不介意经常清洗笼子。（A）

多数是 A？那么你非常适合养迷你兔。如果你认识某个养兔子的人，可以事先向他请教一下。

A 和 B 基本相当？你还需要仔细考虑一下，你是否真的想养迷你兔，养兔子意味着什么。

多数是 B？看起来兔子在你身边是不会幸福的。

安居工程

让兔子感觉舒适的环境

令人遗憾的是，兔子经常被人圈禁在尺寸过小的笼子里，它们在里面根本无法蹦跳。你可不能这样做。你要尽量找一个最大号的笼子，底面积至少要有140厘米×70厘米，再大一些更好。也可以将几个笼子连接在一起。比较理想的状态是给每只兔子大约2平方米的空间。此外兔子的运动场也不可缺少，你可以自己建一个（见12页）。

内部设施

每只迷你兔需要有一个自己的卧房，由木头做成，底面积大约30厘米×40厘米，高30厘米。建议用平顶木屋，可以增加笼子内部的面积，同时也是很好的瞭望平台。木头或石头做的隧道和洞穴可供穿越和躲藏。在宠物商店里有多种软木做的斜坡和管道可供选择。不要用塑料制品，因为兔子会由于啃咬塑料而生病。对于兔子来说，打洞盆是第一位的，可以用一个带盖的，装满沙子的猫厕所作为兔子的打洞盆。另外，还要记得准备干草架、食盆、水盆和饮水瓶（见18页）。

夏天的新鲜空气

夏天，兔子喜欢在室外活动，但它们必须先花费个把小时熟悉室外的环境。兔子的围栏必须有一个栅栏，还应该有可以防范猫、狐狸、猛禽等动物的防护盖，以保证兔子的安全。围栏的内部设施和笼子相同。

注意：暴晒、雨淋和吹冷风都是兔子无法忍受的！

整年都在室外？

你可以把兔子养在一个带围栏而且可以安全越冬的兔舍里，但是要事先了解许多注意事项。你最好上网查一下。如果兔子冬天也在室外生活，那么你就不能把它们带到暖和的房间里玩耍，忽冷忽热的变化会让它们生病的。

垫料

兔笼的垫料可以选择干草、亚麻或普通的小动物垫料，但不能用猫砂！因为猫砂遇水以后强烈膨胀，如果被兔子吃下去会非常危险。放垫料的时候，在笼子里铺一张报纸，先在报纸上面铺撒5厘米厚的垫料，然后再撒一层干草。

清洗笼子

你需要每周打扫一次兔笼。打扫时暂时把兔子放到旅行箱里。先把垫料连同报纸一起扔进垃圾箱，再用热水清洗整个笼子。每天都需要用热水清洗食盆和饮水瓶，兔子的厕所也要每天清洗。兔子通常会寻找某一个角落排便，可以在那里放置兔厕所（宠物商店有售），在里面放上小动物垫料，便于清洗。

梳理毛发

兔子在春季和秋季会大量换毛。你可以用一把柔软的毛刷给它们轻轻刷毛，或是用力抚摸，帮助它们顺利换毛。

检查：这些你都有了吗？

- 带运动场的笼子
- 垫料
- 干草
- 兔厕所
- 打洞盆（一个带盖的，装满沙子的猫厕所）
- 卧房
- 隧道、水泥管、斜坡、脚凳
- 饮水瓶
- 食盆和水盆
- 旅行箱
- 毛刷

手工制作

运动场

你可以在宠物商店里买一些可拆卸的栅栏组件，把它们连接起来，就成了运动场的围栏；也可以自己动手用木制隔板做一个。隔板大约要1米长，80厘米高。你需要多少块隔板，取决于运动场的面积有多大。在制作的时候最好让一个成年人帮助你。相连隔板的边沿用胶布连接，这样就可以折叠起来收好。当你把它搭放在笼子边上时，一定要注意，隔板和笼子相接的地方不要留下任何缝隙。小块地毯最适合作运动场的垫子，但上面不能带圈环，以防兔子的爪子被钩住。

注意!

所有隧道和洞口的直径大小都必须适合兔子出入，以防兔子被卡在里面。

寻宝箱

找一个带盖的纸箱，在纸箱的一侧剪一个能够让兔子自由出入的洞口。在纸箱里塞满干草。过不了多久，你的兔子就会好奇地钻进去寻宝了。它们在干草堆里钻来钻去，躲在里面找吃的，真是有趣极了!

管道迷宫

你可以去建材市场买几根水泥做的管子，用管子和纸箱做一个迷宫。在纸箱的两侧各剪一个能放入水泥管的洞，另外还要剪一个洞作为紧急出口。你也可以用自制的纸筒代替水泥管：把无色的薄纸或瓦楞纸卷起来，用无毒的黏合剂黏好——取一些面粉，加水搅成糊状，就是很好的方法把面糊均匀地抹在纸上，过夜晾干。等到黏合的位置完全干透了，再用橡皮筋固定纸筒。

隔一段距离放一点好吃的在迷宫里面，你的长耳朵宠物就会迫不及待地钻进去看个究竟了。

打洞的乐趣

兔子生性喜欢打洞。一个打洞箱可以给它们带来巨大的乐趣，即便里面没有沙子和泥土。你在一个木箱或是大纸箱里放上碎布头，但不要用那些容易脱线或掉毛的。不带花纹的碎厨房纸也适合做填充物。在箱子外面为兔子准备一个盒子或扁盆，让它可以跳到地面上来。

兔子草坪

你可以这样给兔子们变出一小块草坪来：去宠物商店买一些兔草种子，把种子种在一个装满土的箱子或是陶土做的大花盆里，在上面铺上保鲜膜，让土壤保持湿润。两到三周以后长出绿绿的草坪，就可以放到运动场里了。

探险游乐场

兔子非常活泼，喜欢往高处跳。你可以在围栏里用各种障碍物给它们搭建一个探险游乐场。宠物商店里有给小猫咪玩的，用布制成的隧道，通常也适合兔子。你可以在隧道后面放一件物品，比如一把带鬃毛的扫帚，作为跳跃障碍，用陶土花盆做一个锯齿形的通道，再搭一个用于跳上瞭望台的斜坡。最后在瞭望台边放一个食物袋作为奖赏：把一个装满干草的小亚麻袋系在栅栏上，下面剪一个开口。

熟悉和适应环境

建立信任

你的兔子要多久才能信任你，不仅仅取决于兔子的个性，更重要的是，你要非常小心地跟它们打交道。当兔子刚刚来到你家的时候，一切都是全新的，它们会感到惶恐不安。所以第一天不要去打扰它们。等到它们变得活跃起来，开始探查新环境了，你再跟它们轻声地说话，让它们熟悉你的声音。

第一次接触

一小块美食可能就会带来奇迹哟！你可以把一块好吃的东西,比如胡萝卜(见18页)托在手上,把手伸到打开的笼门前。如果兔子们没有立刻扑向前来，耐心地等一下。首先要让它们熟悉你，过一会儿它们就会意识到，你不会给它们带来任何危险。慢慢地它们会越来越信任你，这时你可以开始尝试抚摸它们，小心地把它们抱起来（见15页）。

测试：我的迷你兔是胆小鬼还是自来熟？

● 它们几乎不离开卧房。（B）

● 它们很愿意让我抚摸。（A）

● 只要我一靠近，它们就躲起来。（B）

● 它们听到我的声音时，会好奇地跳过来。（A）

● 只要我把手伸过去，它们就发出愤怒的威胁声。（B）

● 当它们想被抚摸或是想跟我玩耍的时候，会用前爪轻轻推我（A）

● 过了很长时间，它们才肯从我手上吃东西。（B）

● 当我给它们送去食物时，它们会立刻跑过来。（A）

多数是 A：你的迷你兔都是自来熟。

多数是 B：你的兔子们很胆小——要有耐心，先不要惊扰它们。

A 和 B 基本相同：你和你的兔子们还需要更好地互相了解。

年老的迷你兔

迷你兔的寿命大约为 7 ~ 10 年，也有可能更长。年老的迷你兔会变得安静，不爱运动，经常缩在角落里。它们吃得不再像从前那么多，体重也会减轻。它们的毛也会发生改变，可能会看上去乱糟糟的，也可能会出现脱毛。这些都属于年老时的正常变化，只要你的兔子身体还健康，没有疼痛的表现，就不必太担心。但是定期去看兽医还是非常必要的。有时在衰老的表象之下可能还隐藏着疾病的症状，这就必须接受治疗了。

怎样让兔子安度晚年

- 尽量避免做让它感到紧张的事情，比如经常把它抱起来或带来带去。
- 笼子和运动场里的所有设施要方便兔子行动，比如多放几个斜坡。因为年老的兔子不再擅长跳跃。
- 卧室和瞭望台要布置得特别舒适，可以在上面放一块柔软的毛巾。

抱兔子的正确姿势

不要抓兔子的耳朵或颈部的皮毛把它拎起来，这会让它感到疼痛。你应该用两只手稳稳地抱起兔子：一只手握它的前腿，另一只手抓住身体后部并围住它的后腿。抱着兔子走动时要把它托在你的前臂上。

对于不是特别驯服的动物来说，把它抱起来总是会让它感到紧张。所以如果只为消遣的话，你不应该抱着兔子走来走去。这会让兔子感到恐惧，而且还有很大的危险，你一不留神，它就可能会挣脱而掉到地上。兔子即使是从很低的高度摔下来，也可能会严重受伤！

兔子的语言

沉默的兔子

兔子不会发出太多的声音。当它们发怒的时候，会发出低吼和沉重的鼻息（见第8页）。成年兔子在恐惧时发出尖叫是非常罕见的情况。如果兔子尖叫，说明它极度惊恐或遇到了死亡威胁。兔子在放松的状态下咬牙，是感觉很好的表现。如果它很烦躁或明显虚弱无力，那么咬牙可能是表示疼痛的信号。

兔子在说什么？

如果你想要理解你的兔子说了什么，那就必须注意观察它的肢体语言。

兔子伸长后腿，低着头，耳朵放平，或是侧卧着，表明它感觉很安全。

如果兔子弓身缩头，耳朵支楞着，毫不动弹，表示它感到害怕或是敬畏。这是它遇到危险的动物或是陌生人时表现出的行为。

兔子头向前伸，鼻子翕动，耳朵、尾巴竖起，或是保持这样的姿势狐疑地向前移动，表示它缺乏安全感或是感到好奇。

如果兔子跳到你旁边，轻触你的手，表示它有所要求。它想让你抚摸它，跟它做游戏，还是想吃东西？抚摸是一定要试试的。如果兔子不喜欢被摸了，它会把你的手推开。

兔子用后腿撑地，站立起来，摇头晃脑，转动耳朵，鼻子翕动，表示它在观察周围的环境。

僵直不动，表明它受到惊吓，可能随即就快速跑掉。

如果兔子用后腿蹬地，发出沉闷的声响，表示它非常烦躁，正在发出警告。

典型的兔子行为

兔子在吃和睡的间隙，会展现出真正的本性，但是必须让它们有足够的活动空间才行。

兔子是非常活泼好动的动物。它们喜欢蹦来蹦去，快速奔跑，突然掉头转身起跳，跃向空中，这都是淘气的表现。

梳毛也是兔子的行为特征。兔子在梳毛时以后腿撑地，用唾液沾湿前爪，擦抹耳朵，同时扭动身子，梳理全身的兔毛。

测试：你了解你的迷你兔吗？

1. 我的兔子突然扑向干草堆，侧卧在那里。
   (a) 它感觉很好，一切正常。
   (b) 它生病了，感到疼痛。
2. 我的兔子虽然安静地躺着，但是眼睛睁得很大。
   (a) 它没在休息。
   (b) 它休息的时候也睁着眼睛。
3. 我的兔子在跳跃的时候摇头摆尾。
   (a) 它有抽搐症。
   (b) 它很淘气，非常开心。
4. 我的兔子总是舔我的手。
   (a) 它喜欢皮肤上的盐分。

   (b) 它在表达亲近之意，希望我抚摸它。
5. 我的兔子有时会咕噜着绕着我的脚转圈。
   (a) 它在向另一只兔子求爱。
   (b) 它对我感到愤怒，想咬我。
6. 兔子坐在我的胳膊上轻碰我。
   (a) 这是它在说：我想下来。
   (b) 它在咬我。

答案：1a、2b、3b、4b、5a、6a

兔子互相舔毛是一种表示亲密的行为，紧紧挨在一起睡觉也是亲密的表示。兔子喜欢跳到高处，从高处向下眺望。如果兔子在某件东西上摩擦下巴，这是它在标记领地——它在那里留下了人无法觉察到的某种气息。

兔子的饮食

小美食家

　　自然界的兔子是很挑食的，它们的食物必须是柔软，鲜嫩，多汁的草。如果你要给兔子带回新鲜的野草，只能从没有喷洒过农药，没有狗粪堆积的草地上采集，街边和铁道边的不能采。

　　此外还可以给它们喂少量的蔬菜、水果和野菜：如甘蓝叶、西兰花，无公害种植的红色和绿色蔬菜类：如生菜、白菜、莴苣、小白菜、胡萝卜、少许胡萝卜叶子、去核的苹果和梨。

盆中取食

　　兔子的新鲜食物要放在食盆或是花盆架里。不是每只兔子都会用饮水瓶喝水，所以饮用水也要放在盆子里。水盆必须放稳，并且最好放在高处。饮用水每天都要换新的，如果水脏了，要及时更换。

磨牙材料

　　兔子需要一根木头用来磨牙，这样可以让不断生长的牙齿保持较短的正常长度。你可以给它们准备一根带叶子的果树树枝（最好是苹果树），或是梨树、杨树、榛树、杉树的树枝，但要选择未被农药污染过的。

干草？很好！

每天清晨，当干草架里还有少许剩余的干草时，兔子就从啃干草开始一天的生活了。干草对于兔子的生活非常重要，你必须给它们常备干草。给兔子的干草要求质量好，气味清新，呈绿色，不能发黄或是褐色，不能很肮脏或是布满灰尘。干草应由许多不同种类的草组成，且要有长草茎。

检查：我的迷你兔最爱吃什么？

- 干草、干草、只有干草
- 蒲公英
- 莴笋
- 菜花
- 苹果
- 芹菜茎
- 白菜叶
- 萝卜
- 草莓

谷物？只要一点点！

兔子不吃粮食。只要有新鲜的绿色植物和干草，它们完全不需要谷物类食物。如果把兔子养在空外，在天气比较寒冷的时候，你可以每天给它们喂少量的谷物。

兔子不能吃玉米、葵花籽、花生、染成红色或绿色的人工饲料，也不能给它们吃嚼棒、嚼饼和甜食。因为这些东西和面包一样，含有糖分，会损害兔子的牙齿和消化系统。

吃个不停

兔子只有不停地吃才能保持消化系统功能止常。一定要在笼子里和运动场里给它们备足干草。此外还有新鲜的绿色食物，每天要分三到四次发放。没吃掉的食物如果枯萎或是腐烂了，就要拿出来扔掉。

兔子还会吃自己的粪便，这对它的健康很重要，它只吃一种特殊的粪便——盲肠便，那里面含有非常丰富的维生素B。

一起做游戏

扔布球

找一个软布球或是一只绑成一团的袜子，把它扔出去或是滚出去，兔子就会很高兴地去追逐了。有的兔子甚至还会自己把这个玩具捡回来，让你再扔一次。

保龄球

兔子也喜欢玩保龄球，当然是按照它们自己的规则——用鼻子撞击。你可以把一些空塑料瓶紧密地立成一排。大多数兔子很快就会发现这个游戏场，它们会把这些瓶子拱倒，让瓶子在地上滚来滚去。你要守在一旁，帮它们把瓶子重新立好。并且要当心，不要让兔子在疯狂游戏中把瓶子咬坏。

食物游戏

你可以让兔子自己寻找，花费一些力气才能得到食物，这样它们吃起来会特别香。比如你可以这样做：

找一个空的厕纸筒，在里面装上干草，中间放一块美味的食物。

将一些植物如蒲公英或野菊花等晾干，捆成束挂起来，让兔子必须爬上瞭望台才能吃到。

把小块蔬菜和水果串在一根小棍上，固定在某个合适的位置，让兔子必须伸长脖子才能吃到美食。

听力游戏

兔子能听懂你叫它的名字,当你呼唤它的时候,它就会冲你跑过来。想让兔子学会这个,最好是用一小块胡萝卜或其他一些美味食物作为奖励。

观察和嗅探

你在兔子眼皮底下放三个小花盆,在其中一个里面放一些干草或是某种它最爱的美食。把每个花盆都用纸片盖上,然后调换位置,使每一个花盆都不在最开始的位置上。现在兔子可以开始游戏了。你的兔子立刻就找到藏有食物的花盆了吗?

新奇的东西

所有新鲜的东西都会让兔子感到好奇。你可以经常做一些改变,从外面给兔子带一些新东西回来:

果树枝(见 18 页)是适合啃咬的好东西。你可以把它放在运动场里或是藏在一块带孔的砖头(建材市场有售)下面。

纸做的面包袋除了能发出刺激的沙沙声,对于兔子来说,还有仔细探看一番的价值,看看里面是否藏着什么好吃的。

在运动场里放一块毛巾或是一件旧T恤衫,兔子会兴奋地上去又钻又刨。

大一点的石头可以让兔子跳上去,树根可以用来攀爬。

一个建议:每次只拿一两件新东西,过些日子就换掉。这样你的兔子会一直保持好奇心。

没兴趣!

如果兔子不想被打扰,它会低吼、乱抓或乱咬,表现出自卫的反应。最重要的一条原则是:只有当兔子同意时,你才能跟它玩耍或是抚摸它。

室内的危险

如果你的兔可以子在屋里随意乱跑，你一刻也不能让它们离开你的视线。因为兔子有强烈的好奇心，常会陷入危险境地。对兔子有危险的东西包括：

- 电线：兔子会啃咬电线，有被电死的危险。
- 家养植物：多数家养植物都有毒。好奇的兔子见什么咬什么，所以必须把所有植物从兔子的活动范围内移走。
- 敞开的马桶：兔子有时会爬上马桶的边沿，有跳进去淹死的可能。
- 柜子和墙之间的空隙：兔子可能会钻进去，卡在里面，无法出来。
- 打开的门：在你关上一扇门之前，一要留意一下，兔子是否正在门边，否则它们可能会被夹住。

花园里的危险

- 太阳：兔子在太阳下很快会中暑。它们也不能忍受淋雨和吹冷风（见第10页）。
- 猫、狗、貂、狐狸、猛禽：如果你没有守在旁边的话，为保护兔子不被其他动物伤害，必须把兔子的室外运动场罩起来。
- 有毒的植物如黄杨、蕨类植物、夹竹桃、铃兰等：兔子的运动场不能设在这些植物附近。如果你不能确定哪些植物是有毒的，可以查一查百科全书，或者问一问家长。
- 打洞越狱：兔子喜欢打洞，它们可能会从运动场里挖个地道跑出去。所以不要让它们长时间无人看管。

你都观察到兔子的哪些特点了？你的兔子很可能把打洞和吃东西放在第一位，此外它们可能还有一些完全不同的爱好。记住这一点：你越了解你的兔子，就越能为它们提供更舒适美好的生活。

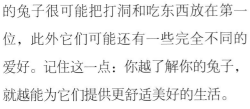

检查：我的迷你兔最喜欢这些

● 在打洞箱里钻来钻去

● 啃草

● 玩球

● 让我抚摸，跟我亲近

● 坐在瞭望台上

● 梳毛

● 在运动场里来回奔跑跳跃

● 在干草堆里找美食

● 玩食物游戏

● 当我走过房间的时候，跟在我身后跳跃

● 在房间里躲猫猫

看医生

去医院

带兔子去看医生，要把兔子放在旅行箱里。在旅行箱的底板上铺一块柔软干净的厚毛巾。如果是冬天的话，在毛巾下面放一个不太热的暖水袋，以及一些干草。尽量选择离你家最近，可以在最短时间内到达的宠物医院。你要把所有的兔子一起带去，即使只有一只生病了，其他几只也要让医生检查一下。而且让兔子们待在一起，可以减轻它们的恐惧感。

年度体检

即使你的兔子很健康，每年也要至少带它们看一次医生。兽医会给兔子体检，触诊，称体重，检查牙齿。口腔检查则需要经常进行，因为兔子常常会出现牙缺损，这最终会导致它无法吃东西。

重要的免疫接种

每年体检时，兽医都要给兔子接种预防多发性黏液瘤和兔瘟（兔出血热，缩写：RHD）的疫苗。兔子可能会因蚊虫叮咬或食用了有污染的绿色食物而感染这些传染性疾病。即使你的兔子只养在室内，也必须接种疫苗。

兔子不需要定期除虱。如果兔子疑似生了虱子，可以让兽医给它用一点除虱剂。

兔子生病的信号

如果你的兔子出现了下面这些症状，不要耽搁，马上带它们去看医生：

● 疲乏无力，不愿活动

● 不吃东西，体重减轻

● 呼吸沉重，打喷嚏，鼻子粘连，嘴巴潮湿

● 眼睛流泪、粘结或肿胀

● 腹泻或便秘

● 不停抓挠，皮肤、耳朵或嘴边有结痂

● 牙齿折断

● 腹部发硬

● 运动障碍

有时兔子可能必须接受手术治疗。它们一般都能很好地耐受手术。但术前和术后有许多问题需要注意，医生会向你说明这些情况的。

给药

像兔子这样的小动物，给药的剂量必须十分精确。你可以把药物混在一小块食物里，但是嗅觉灵敏的兔子可能还是会拒绝吃药。那么你最好把药片碾碎后溶解在少量水里，用一个无针头的小注射器给它灌下去。把针管从兔嘴侧面自门牙后部送进去，然后把药物缓慢推进去。注意不要把药液滴到外面，必须让兔子完全咽下去。

剪指甲

如果兔子的指甲从爪毛中明显地突出来，那就是太长了。剪指甲的工作要由兽医来完成，可以在每年接种疫苗的时候进行。因为有些兔子的爪子颜色非常暗，看不清它的血管，这就会有剪伤的危险。

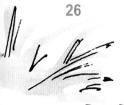

迷你兔宝宝

兔宝宝要出生了

雌兔怀孕时，可能看不出有很大的肚子。但是它的行为会发生改变，变得越来越烦躁不安，不再让人摸它或抱它。它会在笼子的一个角落里用干草筑巢，扯下腹部的软毛作为铺垫。

当雌兔快分娩时，你要在笼子里给它准备一个产房。这是一个底面积至少40厘米×40厘米大小，没有盖的木头房子。雌兔已经筑好的巢就让它保留在笼子里。

雌兔的孕期大约为28至30天，通常在夜里分娩。第二天早晨，小小的兔宝宝就已经躺在巢里了。此时它们还是一些粉红色，光秃秃，娇弱无助的小生命。

最初的几周

兔子平均每胎产仔4～6只，有时也会更多。这些兔宝宝完全不能自主生活，不能离开巢穴，眼睛还是闭着的。兔宝宝从出生第三天开始长毛，10～12天以后，毛发就很浓密了。此时它们也睁开眼睛了。4～6周以后兔宝宝开始离开巢穴，探看它周围的环境。大约6～8周左右，小兔子就可以独立生活了。

在妈妈身边长大

大约 6 ~ 8 周以后，小兔子不再吃母乳了，但还是要让它们在母亲身边生活到 10 周左右。因为它们要从成年兔子那里学习正常的社交行为和所有兔子必须知道的东西，包括群体里的等级秩序。

兔宝宝吃什么？

兔妈妈通常每天只喂一次奶。这是很正常的行为。在野外，兔妈妈用这种方式保护兔宝宝不被天敌发现。因为天敌可能会追踪到巢穴附近，所以兔妈妈要尽可能减少到兔宝宝身边的次数。兔宝宝并不会因此而挨饿，因为兔子的乳汁营养含量很高，能管饱很长时间。

兔妈妈和兔宝宝在一起的时候，会用力舔它们的腹部。这样做可以促进消化，同时让兔宝宝的身体保持清洁。

4 周大的兔宝宝在第一次离开巢穴时，就已经开始好奇地啃干草了，并且吃母乳的次数越来越少。此时只需 2 ~ 4 周时间，它们就可以吃所有适合成年兔子胃口的东西了。

分开饲养

迷你兔每年可生产 6 ~ 8 次。它们在完全成年之前就已经性成熟了——只需大约 10 ~ 12 周时间。雌兔分娩几小时以后就可以重新怀孕。因此要事先做好防范工作：兔子长到 3 个月左右就要雌雄分开饲养，并且给雄兔做绝育手术。

外出旅行

出门旅行

兔子喜欢出门旅行吗？如果你们去一个路程不太远的度假村，里面的环境设施和家里差不多的话，可能问题不大。不过带上兔子旅行，意味着每件东西都要打包。旅途中兔子要待在大笼子里，因为旅行箱不适合长时间居留。围栏的设施也必须带上，还有垫料、大量干草、小木屋、食物、食盆、饮水瓶，等等。你可以参照第 11 页准备行囊。你会发现，这些东西简直太重了。

留在家里？

给兔子找一个细心且值得信赖的看护人，并且他还要有足够的时间，这肯定不是一件容易的事。不论兔子生活在室外的兔舍还是室内的笼子里，看护人都要每天至少来两次，看看是否一切正常，为兔子准备新鲜食物和饮水，跟它们玩一会。他必须为兔子购买新鲜蔬菜和水果，打扫笼子或运动场，在兔子突发急病时带它们去看医生。看护人必须非常了解兔子的习性。

还有一个解决办法是：宠物主人可以通过网络、宠物论坛等发起"你帮我养，我帮你养"的活动互帮互助。

宠物寄养所

宠物寄养所可以在一段时间内替你照管宠物。有些宠物寄养所只接收小型动物，比如说兔子。在夏天，他们会给这些四条腿的客人提供整洁的室外运动场。但是这样的宠物寄养所可能会离你家很远。把兔子送到那里寄养，虽然是一个解决办法，但是必须要乘车运送。如果你想把兔子送到一家宠物寄养所，一定要事先查看一下住宿环境。那里是否干净？寄养的动物是不是看起来受到了精心照料？它们是否有足够的活动空间以及藏身的地方？

记得向工作人员说明你的兔子的喜好，以及还有哪些需要特别注意的地方。此外还必须出示免疫接种证明。

假期托管的注意事项清单

● 干草储备（每周一大袋）
● 购买新鲜蔬菜和水果的清单
● 关于喂食方法和数量的说明
● 垫料
● 打扫笼子或兔舍的说明
● 怎样跟兔子做游戏
● 兽医的地址和电话
● 这本书

索引

检查和测试

手工制作

游戏创意

德国动物保护协会

德国动物保护协会所辖 700 多家动物保护组织和 500 多家动物收容机构为各地的动物保护工作提供支持。协会致力于推行更好的动物保护政策并为动物保护提供科学依据。德国动物保护协会被认证为公益性组织并保持政治中立。作为第一家动物保护组织，德国动物保护协会持有德国社会福利问题中央研究所（DZI）颁发的捐助徽章，此外它还是德国慈善组织联盟的创建成员，承诺公开透明节俭使用捐赠基金。德国动物保护协会没有政府拨款，仅依靠捐赠运营：德国动物保护协会捐款账户，40444，Sparkasse KölnBonn (BLZ 37050198)

德意志国家图书馆图书目录信息

德意志国家图书馆将此书收入馆藏目录；详细信息可登录网址

http://dnb.d-nb.de 查询。

图书在版编目（CIP）数据

迷你兔 ／（德）托尔，（德）索科洛夫斯基著 ；荆妮 译.
— 北京 ：科学普及出版社，2013
（我要养只小宠物）
ISBN 978-7-110-07339-1

Ⅰ．①迷… Ⅱ．①托… ②索… ③荆… Ⅲ．①宠物－兔－饲养管理－少儿读物
Ⅳ．①S829.1-49

中国版本图书馆CIP数据核字(2012)第274418号

Original Title:Ich wünsche mir ein Haustier – Das Zwergkaninchen
© 2010 Patmos VerlagSGRUPPE, Sauerländer Verlag, Mannheim

版权所有　侵权必究
著作权合同登记号：01-2011-3979

出 版 人　苏　青
策划编辑　肖　叶
责任编辑　邓　文　鲁　晓
封面设计　晶　晶
责任校对　林　华
责任印制　马宇晨
法律顾问　宋润君

科学普及出版社出版
北京市海淀区中关村南大街16号　邮编：100081
电话：010-62173865　传真：010-62179148
http//www.cspbooks.com.cn
科学普及出版社发行部发行
鸿博昊天科技有限公司印刷
＊
开本：170毫米×230毫米 1/16　印张：2　字数：60千字
2013年2月第1版　2013年2月第1次印刷
ISBN　978-7-110-07339-1/S・529
印数：1-10000册　定价：12.00元